STAR WARS™

ENTDECKE DARTH
VADER
IN DIR

Von Christian Blauvelt

Inhalt

Der dunkle Weg zum Erfolg

Auch als Anfänger kannst du deinen Lebenslauf beeinflussen – du brauchst nur Antrieb, Ehrgeiz und Beziehungen. Die Karriereleiter hochzuklettern, ähnelt dem Aufstieg innerhalb des Imperiums. Ein Mentor wird dir helfen, dich schon früh zu profilieren – ob du nun eigenständig ein großes Projekt vorantreibst oder rebellische Jedi jagst. Es hilft auch, wenn du dir einen Ruf als schonungslos effizienter Problemlöser erarbeitest, bis du schließlich den Platz deines Mentors einnimmst und selbst die Insignien der Macht trägst.

Entdecke Darth Vader in dir zeigt dir, wie du im Beruf erfolgreich bist. So kannst du in die Fußstapfen des Dunklen Lords der Sith treten – selbst wenn dir die Macht der dunklen Seite nicht zur Verfügung steht.

STARTE GUT

Erfolg am Arbeitsplatz hat mehr mit deiner Haltung zu tun als mit deiner Herkunft. Ausschlaggebend ist nicht, ob dein Vater ein Jedi ist oder du auf einem entlegenen Planeten aufgewachsen bist. Vielmehr zählen Ehrgeiz, Entschlossenheit und ein messerscharfer Geschäftssinn. Entwickle diese Ansätze von Anfang an und du wirst nicht lange nur Lehrling bleiben.

»Sie wurden nicht herbestellt, um vor mir zu kriechen, Direktor Krennic.«
Darth Vader

Tritt sicher auf beim Vorstellungsgespräch

Hebe dich beim Vorstellungsgespräch von anderen ab und zeige Profil! Dein viel beschäftigtes Gegenüber muss womöglich unzählige E-Mails beantworten, Etats absegnen und Rebellionen zerschlagen. Verschwende nicht seine Zeit, indem du unentschlossen oder austauschbar wie irgendein Klon wirkst. Tritt bestimmt auf, sei gut vorbereitet – und nach 15 Minuten wird selbst der fürchterlichste Chef nicht anders können, als dich einzustellen.

»Mein würdiger Schüler … Wo es einst Konflikt gab, fühle ich nun Entschlossenheit – wo es einst Schwäche gab, Stärke. Schließe deine Ausbildung ab und erfülle dein Schicksal.«

Oberster Anführer Snoke

Sei ein guter Praktikant

Ohne Erfahrung bekommst du keinen Job, aber ohne Job auch keine Erfahrung. Wie also bekommst du den Fuß in die Panzertür, sprich ein Praktikum? Du verfasst ein aussagekräftiges Bewerbungsschreiben, lässt deine Beziehungen spielen (ein Sith-Lord in der Familie schadet nie) oder trennst dich machtvoll von deinem Jedi-Meister. Wenn du den Job hast, sei pünktlich, melde dich freiwillig für den Telefon- und Kopierdienst und zeige vollen Einsatz, indem du jemanden beseitigst, der dir etwas bedeutet.

»Lass die Vergangenheit sterben. Töte sie, wenn du musst. Das ist der einzige Weg, deine Bestimmung zu erfüllen.«

Kylo Ren

Lass dich von anderen nicht unter Druck setzen

Zu Beginn des Berufslebens hat man es immer schwer,
besonders wenn man in das Familienunternehmen
einsteigen soll. Egal ob dein Großvater ein Sith-Lord
war, deine Mutter geholfen hat, die Galaxis »zu retten«,
oder dein Vater ein widerwärtiger Wookieetreiber war,
der es nicht zu einem ordentlichen Beruf gebracht
hat – hab keine Angst, eigene Wege zu gehen.
Es ist in Ordnung, alle Bande zu kappen,
auch wenn es drastisch wirkt.

»Und du, junger Skywalker –
wir werden deine Karriere mit
großem Interesse verfolgen.«
Kanzler Palpatine

Finde einen Mentor

Wie hoch dein Midi-Chlorian-Wert auch sein mag,
allein schaffst du es nie von ganz unten zum
Imperator. Dabei muss dir jemand helfen, der deine
Talente erkennt und dir den Weg zum Erfolg weist.
Kontakte sind der Schlüssel: Wende dich per E-Mail
oder Hologramm an Leute, die bereits sind, was
du werden willst. Schmeichle ihnen, indem du sie
um Rat und Verbesserungsvorschläge bittest –
ob es um Redenhalten geht, das Schlichten von
Handelsdisputen oder das nötige Fingerspitzen-
gefühl für das Schleudern von Macht-Blitzen.

»Ich bin mächtiger als der Kanzler …
Ich kann ihn stürzen, wenn ich will,
und gemeinsam können wir, du und
ich, über die Galaxis herrschen!«
Anakin Skywalker

Greife nach den Sternen

Denke groß! Du stehst am Beginn einer brillanten Karriere und buchstäblich die ganze Galaxis steht dir offen. Misstraue jedem, der dich zurückhalten will, selbst wenn es deine große Liebe ist. Lass dich nicht irre machen durch Vorhaltungen über Richtig und Falsch, durch das Geleier über familiäre Pflichten oder Kritik an deiner rücksichtslosen Art. Wer behauptet, du hättest dich »verändert«, ist nur eingeschüchtert von deinem kometenhaften Aufstieg.

ERWIRB DIR ANSEHEN

Du hast deine Einstiegschancen genutzt. Nun baue auf dem starken ersten Eindruck auf und erwirb dir weiteres Ansehen. Organisiere und leite Konferenzen, inspiriere deine Kollegen mit Charisma, Selbstsicherheit und deiner kompromisslosen Haltung. Verdiene dir Respekt, aber bedenke: Der Todesstern wurde auch nicht an einem Tag erbaut.

»Die Fähigkeit, einen ganzen Planeten
zu vernichten, ist nichts gegen die
Stärke, die die Macht verleiht.«
Darth Vader

Sei von dir
selbst überzeugt

Vertraue stets deinen Fähigkeiten. Deine Kollegen
können vielleicht besser mit Menschen und der
neuesten Firmensoftware umgehen oder haben
sogar eine mondgroße Raumstation mit einem Waffen-
arsenal entwickelt, das ganze Planeten vernichten
kann. Doch die Macht ist stark in dir und du solltest
nie zögern, das zu zeigen. Unterstreiche deinen
Status mit einigen subtilen Sith-Psychospielchen.
Stehe bei einem Treffen, während die anderen
sitzen – und gewinne dieses Kräftemessen.

»Dieses Kräftemessen nützt keinem.«
Großmoff Tarkin

Gestalte das Gespräch

Halte deine Kollegen bei Zusammenkünften kurz, indem du jeden zum Schweigen bringst, der mit Belanglosigkeiten vom Thema ablenkt. Zeit ist Geld, also zeige, dass du es ernst meinst. Ob im Büro oder auf dem Todesstern, jemand ist immer dabei, der sich über Protokollfragen aufregt oder in den Vordergrund spielen will. Erinnere alle daran, dass sie hier sind, um dem Imperator zu dienen! Mach deine Prioritäten atemberaubend schnell klar – wie sonst soll der Todesstern rechtzeitig und kostengünstig fertig werden?

»Eine kleine Änderung unserer
Abmachung – und beten Sie, dass ich nicht
noch weitere Änderungen vornehme.«
Darth Vader zu Lando Calrissian

Entwickle dein Verhandlungsgeschick

Du brauchst keine Jedi-Gedankentricks, um gute Geschäfte zu machen: Betone in Verhandlungen einfach, was beide Parteien gewinnen können. Wenn du einen Lokalpolitiker dazu zwingst, seinen besten Freund in Karbonit einzufrieren, erinnere ihn auch daran, dass er dafür die Unabhängigkeit seiner Stadt zurückgewinnt. Falls er sich über einen schlechten Deal beschwert, weil du immer noch mehr forderst, demonstriere Stärke – Sturmtruppen beschleunigen jeden Vertragsabschluss.

»Mein Lord, ist das denn legal?«
Nute Gunray

»Ich werde dafür Sorge tragen.«
Darth Sidious

Komm nicht mit Problemen, löse sie

Niemand mag einen lamentierenden Neimoidianer. Es gibt nichts Schlimmeres für die Moral auf einem Raumschiff als jemanden, der ständig nur Probleme sieht und bei jeder Gelegenheit mit rechtlichen Bedenken kommt. Bleibe deiner Vision treu und suche kreative Lösungen für mögliche Probleme – noch bevor sie auftauchen. Wenn es sein muss, werde zum Doppelagenten und stürze die ganze Galaxis in einen verheerenden Bürgerkrieg, aber erledige den Job.

»Alle übrigen Systeme werden auf die Knie fallen vor der Ersten Ordnung!«

General Armitage Hux

Strahle Zuversicht aus

Manchmal haben sogar hochgestellte
Persönlichkeiten gewaltig Muffensausen vor
öffentlichen Reden. Doch wenn du von dir und
deiner Arbeit überzeugt bist, kannst du auch voll
Selbstvertrauen vor Legionen treuer Untergebener
sprechen. Du wirst einen bleibenden Eindruck hin-
terlassen, wenn du die folgenden goldenen Regeln
beherzigst: Verkünde eine klare Botschaft, platziere
starke Symbole als Blickfänger auf der Bühne und
sprich laut. Sorge dafür, dass auch die Sturmtruppen
in der letzten Reihe dich klar und deutlich hören!

STREBE NACH HÖHEREM

Erkenne und, wichtiger noch, hebe hervor, was du erreicht hast. Wenn du ein hohes Arbeitspensum erledigst, neue Mitarbeiter anlernst und dafür einstehst, dass bei komplexen Schiffsbauprojekten alles nach Plan läuft, stelle sicher, dass deine Erfolge angemessen gewürdigt werden. Lerne, eine Beförderung zu erhalten, und sorge dafür, dass deine Forderungen erfüllt werden.

»Wir müssen umgehend handeln.
Die Jedi kennen keine Gnade.«
Palpatine

Komm mit Veränderungen klar

Irgendwann in deiner Karriere wird es am Arbeitsplatz zu Veränderungen kommen. Das könnte die feindliche Übernahme einer rivalisierenden Handelsföderation sein oder eine umfassende Neuaufstellung, wenn aus deiner Republik plötzlich das erste Galaktische Imperium wird. Schlimmer noch, ein Führungswechsel könnte zu Personalabbau führen – speziell unter deinen geheimnisvollen Kapuzenträgerfreunden. Suche die Chance im Wandel und handle zu deinem Vorteil – oder die anderen übervorteilen dich.

»Das ist alles Obi-Wans Schuld!
Er ist eifersüchtig! Er lässt mich
nicht weiterkommen!«

Anakin Skywalker

Kenne deine Mitbewerber

Wettbewerb kann gut sein, wenn er dich aufmerksamer,
stärker und zielstrebiger macht. Für die Sith sollte er
sogar innerhalb eines klaren Meister-Schüler-Verhältnisses
herrschen, indem der Schüler die Macht begehrt, die der
Meister besitzt. Doch sobald dieses Tauziehen dich hemmt,
beende es. Zeige keine Gnade – selbst wenn dein Rivale
einst wie ein Bruder für dich war. Lass dich nicht von
Mitgefühl aufhalten – denn wenn deine Karriere
Schlagseite erhält, bist du am Ende.

»Ich habe die Waffe geliefert, die der Imperator
verlangt hat. Ich verdiene eine Audienz,
um sicherzustellen, dass er versteht,
wie bemerkenswert … ihr Potenzial ist.«
Direktor Krennic

Bestehe auf verdienter Anerkennung

Wie du deine Erfolge darstellst, ist genauso wichtig wie das Gelingen an sich. Ob es dein Einfluss in den sozialen Netzwerken ist oder wie der Superlaser deines Todessterns auf einen Planeten wirkt, dein Erfolg zählt erst, wenn dein Chef oder der Imperator seinen Wert erkennen. Bring sie dazu – und dann sichere dir die verdiente Beförderung mitsamt der angemessenen Gehaltserhöhung. Beruflicher Aufstieg kommt nicht von selbst, du musst ihn dir erkämpfen.

»Die Republik wird sich jeder unserer
Forderungen beugen müssen.«
Count Dooku

Stelle überzeugende Forderungen

In Verhandlungen ist es unabdingbar, dass du eiserne
Entschlossenheit zeigst. Deine Geschäftsfreunde
haben Zeit, Geld und Kampfdroiden in deine Pläne
investiert und erwarten, dass sich das für sie auszahlt.
Sie gehen davon aus, dass du mit ihrer Hilfe einen
bleibenden Eindruck bei der Gegenseite hinterlässt.
Also gib nie klein bei, selbst wenn du gegnerische
Unterhändler an hungrige Bestien verfüttern musst
und damit einen galaktischen Krieg auslöst.

»Alles entwickelt sich so,
wie ich es vorausgesehen habe.«
Darth Sidious

Setze dir klare Ziele und halte daran fest

Dein Wille zum Aufstieg muss so stark sein wie die Klinge eines Lichtschwerts. Handelst du vorschnell, könntest du kurzfristig mehr Gewinn einfahren oder einen neuen Schüler anwerben. Dagegen kann es auf dem langen Weg schon mal 20 Jahre dauern, eine mächtige Kampfstation zu bauen, die dir dann eine aufmüpfige Galaxis allein durch Furcht in die Arme treibt. Aber schweife nicht ab – erst recht nicht beim Todesstern. Etwas derart Imposantes macht dich unsterblich.

ARBEITE MIT ANDEREN

Die Macht macht dich stark, aber selbst du kannst nicht alles alleine schaffen. Du kannst nur dann eine neue Organisation aus der Asche eines gefallenen Imperiums formen, wenn du dessen Ex-Personal neuerlich begeisterst und hoch motivierte Neueinsteiger anwirbst. Vielleicht musst du dafür in ihren Verstand eindringen oder sie überstimmen, aber das ist ein kleiner Preis für uneingeschränkte Macht.

»Du bist ein Fehler im System.«
Captain Phasma

Toleriere niemals Ungehorsam

Manche Kollegen wollen dich in ein schlechtes Licht rücken. Vielleicht hast du sie als Kinder ihrer Familie entrissen, ihnen eine Nummer statt eines Namens gegeben und sie ausschließlich für den Kampf ausgebildet – und dafür sind sie auch noch undankbar. Falls so jemand nur unmotiviert ist, melde ihn deinem Boss oder lass ihn umgehend seinen Blaster für einen Test abgeben. Sollte er regelrecht aufbegehren, lass deine Chromfäuste sprechen, wie es sich gehört.

»Das übernehm ich selbst.
Geben Sie mir Deckung!«
Darth Vader

Sei ein Vorbild

Wenn etwas richtig gemacht werden soll, musst du es manchmal einfach selbst tun. Selbst der beste TIE-Jäger-Pilot der Flotte kann noch das ein oder andere Manöver von dir lernen, wenn er an deiner Seite einen Angriff fliegt. Fegst du den Rebellen- abschaum dann vom Himmel, gebührt dir die ganze Ehre. Für den unwahrscheinlichen Fall, dass es nicht klappt, ist es entscheidend, andere in der Nähe zu haben, denen man die Schuld zuschieben kann. So oder so, dabei gewinnst du immer.

»Jedwede hierfür erforderliche
Maßnahme soll mir recht sein …«
Darth Vader

Hol dir Unterstützung, wenn nötig

Manchmal überfordert eine Aufgabe deine Leute, dann brauchst du Fachkräfte von außen. Bei einer betrieblichen Umstrukturierung könnten externe Berater helfen, für das Aufstöbern eines Rebellenschiffs eignen sich unorthodoxe Kopfgeldjäger besser. Deine Mitarbeiter mögen über sie die Nase rümpfen, aber sie denken offenbar nicht daran, das gesuchte Schiff inmitten des über Bord geworfenen Mülls zu vermuten. Bläue den Söldnern nur ein, dass du die Gesuchten nicht in kleinen Einzelteilen haben willst.

»Asteroiden interessieren mich nicht,
Admiral. Ich will dieses Schiff haben –
und keine weiteren Ausflüchte.«
Darth Vader zu Admiral Piett

Mach deutlich, was du erwartest

Dass du hohe Standards hast, ist nur natürlich – immerhin bist du ein machtsensitives, außergewöhnlich starkes Individuum, das Milliarden von Wesen in der Galaxis als den »Auserwählten« kennen. Kein Wunder, dass dir die kleinlichen Anliegen und Probleme anderer Leute lächerlich vorkommen. Habe – bis zu einem gewissen Punkt – Geduld mit ihnen, aber achte darauf, dass deine Anweisungen glasklar sind. Gib keinem die Gelegenheit, dich ein zweites Mal zu enttäuschen.

»Die Schwäche eines Köters kann, entsprechend eingesetzt, zu einem scharfen Werkzeug werden.«
Oberster Anführer Snoke

Mach dir die Talente anderer zunutze

Setze deine Leute entsprechend ihrer Talente ein. Ausbildung und Leistungsbewertung erledigt bestens eine chrombewehrte Handlangerin, die ihre Untergebenen gern einschüchtert. Ein anderer Befehlsempfänger kann deine Legionen mit flammenden Reden anfeuern. Und Mitarbeiter mit roher, ungebändigter Kraft lass auf deine Feinde los. Dein Personal profitiert davon, sich im Beruf verwirklichen zu können, und du davon, das Potenzial deiner Untergebenen voll zu entfalten.

WERDE EIN ANFÜHRER

Ein großer Anführer braucht unterschiedliche Fähigkeiten, je nachdem, ob er ein Start-up leitet oder einen Sternenzerstörer befehligt. Doch eine Sache ist immer wichtig: Er muss Autorität und Entschlossenheit ausstrahlen. Jage deinen Leuten Angst ein, um sie, falls nötig, kurzfristig zu motivieren. Aber auf lange Sicht ist ein Anführer auf ihre Bewunderung und Loyalität angewiesen.

»Als ich Euch verließ,
war ich Euer Schüler –
jetzt bin ich der Meister.«
Darth Vader zu Obi-Wan Kenobi

Nimm eine leitende Position ein

Einige bereiten sich jahrelang auf eine Führungsposition vor, anderen fällt sie über Nacht in den Schoß. Wenn sich die Gelegenheit bietet, ergreife sie – egal ob du es so geplant hast oder die Chance aus heiterem Himmel kommt. Vielleicht wirst du unvermittelt zum Teamleiter befördert, weil ein schwieriger Kunde vor der Tür steht, oder du sollst die Suche nach den gestohlenen Plänen einer Kampfstation leiten. Erst wie du mit dem Druck umgehst, zeigt, ob du das Zeug zum Anführer hast.

»Du hast eine gute Ausbildung genossen, mein junger Schüler. Sie werden keine Chance gegen dich haben.«
Darth Sidious zu Darth Maul

Zolle Anerkennung, wenn angebracht

Deine Angestellten schauen zu dir auf und entfalten sich durch deine Unterstützung, deinen Zuspruch und deine Dankbarkeit. Unterschätze niemals die Wirkung positiver Rückmeldungen, besonders wenn du jemanden für einen großen Auftrag auswählst oder er sich einiger Jedi-Ritter annehmen soll, die sich überall einmischen. Stärke sein Selbstvertrauen, aber erinnere ihn stets daran, wem er seine Position verdankt. Denn letztlich ist ein Schüler immer nur so gut – oder schlecht – wie sein Meister.

»Leider beurteilt der Imperator die Situation nicht ganz so optimistisch … und er ist äußerst ungehalten darüber, wie langsam Sie hier offensichtlich vorankommen.«
Darth Vader

Gib klar und direkt Rückmeldung

Du hast eine herausragende Stellung erreicht, indem du Zielvorgaben erfüllt, die Reichweite deines Unternehmens vergrößert und, wenn nötig, dein Leben aufs Spiel gesetzt hast. Sollten deine Unter- gebenen nicht bereit sein, es dir gleichzutun, müssen sie die Konsequenzen spüren – sei es eine negative Leistungsbewertung, eine Degradierung oder dass man sie von einem Vorzeigeprojekt abzieht. Motiviere deine Leute immer aufs Neue, denn wenn ein Imperium Versagen toleriert, verdient es den Fall.

»Erinnere dich an die Anfangszeit deiner Ausbildung. Alle, die Macht haben, fürchten, sie wieder zu verlieren.«
Palpatine

Sei wachsam

Nachlässigkeit und eine lange Karriere vertragen sich nicht. Stehst du an der Spitze, bist du angreifbar – wenn du alles erreicht hast, kannst du auch alles verlieren. Komme jenen zuvor, die dich hintergehen wollen. Dieser Stellvertreter, der dich schief ansieht? Versetze ihn in eine andere Abteilung. Dieser nicht mehr ganz junge Schüler, der von ruhmreichen Taten träumt? Lass ihn von einem anderen Handlanger ausschalten. Jede Schwäche kann ausgenutzt werden. Das ist der Weg der Sith.

»Sie haben sich das letzte Mal als
Versager erwiesen, Admiral.«
Darth Vader

Kündige mit sofortiger Wirkung

Loyale Mitarbeiter zu feuern, ist nie leicht. Doch du musst es dir nicht unnötig schwer machen, nur weil die fristlose Kündigung für einen Angestellten schmerzhaft sein kann. Es ist nicht verwerflich, in deiner Meditationskammer zu bleiben und die Nachricht mit moderner Technik zu übermitteln. Das ist schnell, effektiv und hat den Vorteil, dass du dich nicht selbst um den Verwaltungskram kümmern musst – also dass der Arbeitsplatz auf- und ausgeräumt wird, dass Grünpflanzen verschwinden – oder, im Fall eines inkompetenten Admirals, auch seine Leiche.

Der DK Verlag dankt Sammy Holland, Michael Siglain, Troy Alders, Leland Chee, Matt Martin, Pablo Hidalgo und Nicole LaCoursiere von Lucasfilm, Julia Vargas von Disney Publishing, Emma Grange für ihre redaktionelle Unterstützung, Chris Gould für die Hilfe bei der Gestaltung und Julia March fürs Korrekturlesen.

Lektorat Cefn Ridout, Beth Davies, Sadie Smith, Julie Ferris, Simon Beecroft
Gestaltung und Bildredaktion Clive Savage, Vicky Short, Lisa Lanzarini
Herstellung Siu Yin Chan, Zara Markland

Für die deutsche Ausgabe:
Programmleitung Monika Schlitzer
Projektbetreuung Christian Noß
Herstellungsleitung Dorothee Whittaker
Herstellung und Herstellungskoordination Inga Reinke

Titel der englischen Originalausgabe:
Star Wars™ Be More Vader

Übersetzung Marc Winter
Lektorat Elisabeth Schnurrer

ISBN 978-3-8310-3657-8

Druck und Bindung Leo Paper Products, China

Besuchen Sie uns im Internet
www.dorlingkindersley.de
www.starwars.com